勇士貓智力大冒險

著·繪
香山大我

新雅文化事業有限公司
www.sunya.com.hk

著 繪

香山大我

1996 年出生，於日本京都土生土長的插畫家，
擅長繪畫仿如遊戲世界的繽紛插圖。
著作有《逃出殭屍小鎮》、《逃出幽靈鬼屋》
等遊戲書籍。（日本文響社出版）

從前，有一個喵喵王國。王國一直天下太平，
勇士貓也在這裏居住。可是某一天……

不得了
啦──!!

勇士貓立刻趕到外面去，
發現村民們都很慌張！

發生了
什麼事？

呀！
勇士貓來了！

是這樣的……
壞壞的小女巫出現了，
她向我們整個王國
施了魔法啊！

不單如此……她還把大家變成古怪的模樣，更偷走了很多物品，真的不好了！

硬邦邦

細細長長

圓滾滾……

勇敢的勇士貓！
請你一定要抓住那個
壞壞的小女巫啊！

村民把小女巫偷走了的物品，以及她逃跑的方向告訴了勇士貓。然後勇士貓就出發冒險，追捕小女巫了！

美味甜品店

我用心炮製的美食，都被偷走了喲！

衣服店

衣服都失去了，我還變成了獨角貓啊！

終點在哪裏？繞圈圈森林的迷宮！

勇士貓出發了！請你幫他找出英文字 GOAL 在哪裏，然後朝着那終點逃離迷宮吧！

請注意

- 前面有障礙物就不能通過啊。
- 相同的路不能走兩次啊。

被偷走的物品

你也要找出以上被偷走的物品啊。

11

在迷迷糊糊的湖水上找不同！

在大廣場裏尋找所有失物！

小女巫把各種物品放到大廣場裏藏起來了！
請你找出10個被藏起來的物品。
而且，其中1個是追尋小女巫的線索啊。

被偷走的物品

找出以下失物！

這蝴蝶結是追尋小女巫的線索

通往
下一頁

我發現有通路和上一頁連接着啊！請留意箭咀，翻到上一頁檢查吧！

起點

第 4 關

秘道在哪裏？天荒荒沙漠的迷宮！

勇士貓穿過大廣場後，來到天荒荒沙漠！可是通道在中途斷開了。幸好，有些通道跟上一頁連接着，請把它找出來。

被偷走的物品

在變色海洋中找不同！

勇士貓經過火熱的沙漠後，跳進冰涼的水中世界。大家不要被顏色所迷惑，在右圖中找出10個不同的地方吧！

找出以下這些圖形吧！

第6關

在迷離大宅中尋找所有失物！

勇士貓步出了喵喵王國……咦？他竟然一不小心，走進了迷離大宅！請你幫他找出右面的10個圖形，他才可以離開這個大宅啊。

被偷走的物品

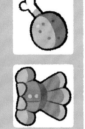

在雪茫茫小鎮中解開謎題！

勇士貓離開迷離大宅後來到雪茫茫小鎮。在這裏居住的企鵝四兄弟，他們的甜點都被怪物吃掉了！請你根據他們的提示，找出偷吃甜點的犯人吧！

被偷走的物品

求求你！請把偷吃了甜點的四個犯人找出來，我們會把小女巫遺下的掃帚送給你作為謝禮……

被吃掉的甜點

香魚蛋撻
 提示
或許會留下魚骨呢？

大芝士
 提示
或許有老鼠會聚集在那裏？

噴火龍蛋糕
 提示
因為味道太辣，吃了可能會噴火？

冰雪蛋糕
 提示
因為太冷，吃了可能會結冰？

滿布糖果零食的超難找不同！

勇士貓終於到達小女巫的城堡！但是，城堡的大門前有好多怪物阻路。請你在右頁找出10個不同的地方，就能闖進城堡裏了！

被偷走的物品

勇闖詞語迷宮，分辨3個寶箱！

城堡第一層是由蝙蝠先生把守的。請你逐一檢查物品的名字，圈出符合規則的名字，然後帶勇士貓從起點通過那些格子走到終點。
藏着小女巫服飾的寶箱，才是真正的終點啊！

被偷走的物品

規則：名字裏必須包含「金、木、水／氵、火或土」的部分

起點

貝 殼

木 板

瓜 子

釣 竿

海 豚

金 幣

呆 傻 貓

被 爐

時 鐘

椅 子

眼 鏡

鹿

蝸 牛

西 瓜

大 眼 睛

小 龜

書 包

河 馬

木 棍

蕃 茄

噗噗噗！

休想輕易過關啊！

蝙蝠先生

樹木

蘑菇

積木

樹熊

湯麵

壽司

金庫

冰塊

松鼠

燒牛扒

尖牙

小鳥

鐵叉

土蜘蛛

蘋果

香蕉

香桃

第10關
獻給怪物的寶物

城堡第二層是小女巫的研究室。勇士貓在房間的深處發現了四個怪物的銅像，但本來它們手上拿着的寶物都不見了！請你在房間內找出那些寶物吧。

天荒荒沙漠的
仙人掌怪

繞圈圈森林的
橡果小怪

如果你記不起來，
就翻回前面各頁，
觀察它們的手吧！

迷離大宅的
胖廚師怪

小女巫城堡
大門的
甜甜圈怪

第11關 狹路迷宮上的大決戰！

勇士貓終於要跟小女巫開戰了！請你幫他一邊收集能量心心果，一邊前進。

請注意

- 如你停在骷髏怪的格子上，心心果會被吃掉啊。
- 要打到骷髏怪首領，需要 10 顆能量心心果啊。
- 相同的路不能走兩次啊。

被偷走的物品

我會吃掉你1顆能量心心果！

起點

勇士貓勝出了，終於抓住了小女巫……等等，原來這裏有很多個小女巫！你知道哪個才是她的真身嗎？原來，之前搜集到的小女巫線索就是提示啊。

全靠勇士貓的英勇表
現，讓喵喵王國再次
回復和平。而且……

勇士貓和小女巫還成為了非常要好的朋友！

完

日本腦力遊戲書

勇士貓智力大冒險

作者 / 繪圖：香山大我

翻　　譯：　黃玨

責任編輯：　黃楚雨

美術設計：　徐嘉裕

出　　版：　新雅文化事業有限公司

　　　　　　香港英皇道 499 號北角工業大廈 18 樓

　　　　　　電話：(852) 2138 7998

　　　　　　傳真：(852) 2597 4003

　　　　　　網址：http://www.sunya.com.hk

　　　　　　電郵：marketing@sunya.com.hk

發　　行：　香港聯合書刊物流有限公司

　　　　　　香港荃灣德士古道 220-248 號荃灣工業中心 16 樓

　　　　　　電話：(852) 2150 2100

　　　　　　傳真：(852) 2407 3062

　　　　　　電郵：info@suplogistics.com.hk

印　　刷：　中華商務彩色印刷有限公司

　　　　　　香港新界大埔汀麗路 36 號

版　　次：　二〇二四年五月初版

ISBN: 978-962-08-8373-6

Original Title: *NYANDEMO QUEST*

First original Japanese edition published by PHP Institute, Inc., Japan.

Traditional Chinese translation rights arranged with PHP Institute, Inc., Japan.

through Bardon-Chinese Media Agency

第 1 關至第 12 關的答案

第 1 關 🐾

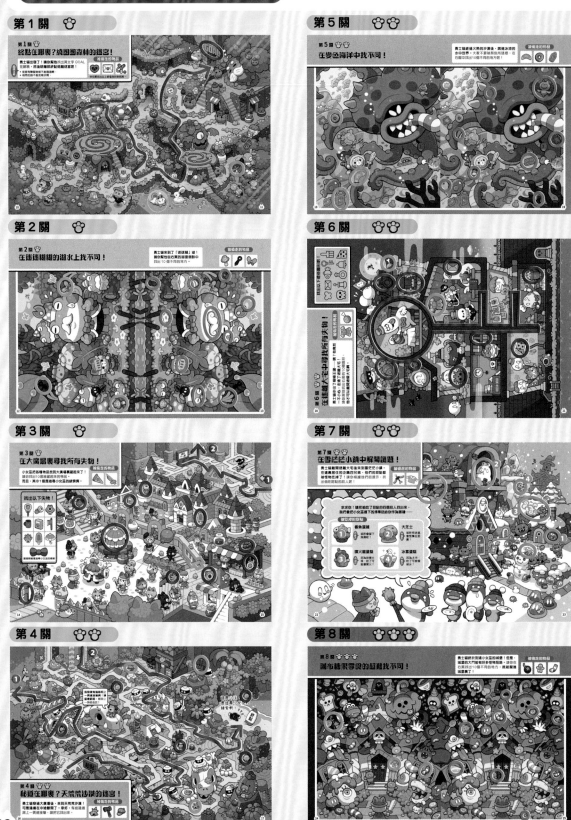

第 1 關
終點在哪裏？繞圓圓森林的迷宮！

第 5 關 🐾🐾
第 5 關
在變色海洋中找不同！

第 2 關 🐾
第 2 關
在迷迷糊糊的湖水上找不同！

第 6 關 🐾🐾
第 6 關
在插畫大宅中尋找所有失物！

第 3 關 🐾
第 3 關
在大廣場裏尋找所有失物！

找出以下失物！

第 7 關 🐾🐾
第 7 關
在雪花花小鎮中解開謎題！

第 4 關 🐾🐾🐾
第 4 關
秘道在哪裏？天荒荒沙漠的迷宮！

第 8 關 🐾🐾🐾
第 8 關
滿布糖果零食的超難找不同！

圖例：
- ▬▬▬ 迷宮路線
- ⬤ 找不同
- ⬤ 要尋找的物品
- ⬤ 謎題答案
- ⬤ 被偷走的物品
- ⬤ 符合規則的名字

第9關 🐾🐾🐾 （答案有多種路線，以下是其中之一。）

第10關 🐾🐾🐾

第11關 🐾🐾🐾

第12關 🐾🐾🐾